Pooja Vats

Aventuras matemáticas: I

Pooja Vats

Aventuras matemáticas: I

Métodos de ensino inovadores para o nível primário I

ScienciaScripts

Cover image: www.ingimage.com

This book is a translation from the original published under ISBN 978-620-7-48320-4.

Publisher:
Sciencia Scripts
is a trademark of
Dodo Books Indian Ocean Ltd. and OmniScriptum S.R.L publishing group

120 High Road, East Finchley, London, N2 9ED, United Kingdom
Str. Armeneasca 28/1, office 1, Chisinau MD-2012, Republic of Moldova, Europe
Printed at: see last page
ISBN: 978-620-7-69632-1

"Aventuras Matemáticas: Métodos de ensino inovadores para o nível primário I"

Por

Dr. POOJA VATS

Universidade K.R. Mangalam, Gurugram, Haryana-122103, Índia

PREFÁCIO

No panorama da educação, em rápida evolução, o objetivo de inspirar as mentes jovens e cultivar o gosto pela aprendizagem é um desafio sempre presente. A matemática, em particular, apresenta frequentemente obstáculos únicos para os educadores que procuram envolver os alunos do ensino básico. Este livro, "Mathematical Adventures: Métodos de Ensino Inovadores para o Nível Primário", surge como um farol de luz no meio deste desafio, oferecendo um compêndio de estratégias inventivas, ideias práticas e anedotas inspiradoras para capacitar os educadores na sua nobre missão. Nestas páginas, os professores encontrarão um tesouro de ferramentas para desvendar as maravilhas da matemática, fomentando a curiosidade, a criatividade e a confiança em cada aluno. Ao embarcarmos juntos nesta viagem, que estes métodos inovadores acendam uma centelha de paixão pela matemática, transformando as salas de aula em centros vibrantes de exploração e descoberta.

Com gratidão,

Dr. Pooja Vats

Índice

Capítulo 1: Introdução ao Ensino Inovador da Matemática 4

Capítulo 2: Aprendizagem baseada no jogo 6

Capítulo 3: Técnicas de aprendizagem visual 11

Capítulo 4: Aprendizagem baseada na investigação 18

Capítulo 5: Estratégias de aprendizagem em colaboração 25

Capítulo 6: Integração de tecnologias 32

Capítulo 7: Instrução diferenciada 40

Capítulo 8: Integração das artes 48

Bibliografia 56

Capítulo 1: Introdução ao ensino inovador da matemática

- **A importância da educação matemática**

A educação matemática é a pedra angular de um percurso académico completo, servindo de porta de entrada para uma multiplicidade de disciplinas e aplicações no mundo real. O seu significado transcende a mera aritmética; incute pensamento crítico, capacidade de resolução de problemas e capacidades de raciocínio lógico essenciais para navegar no complexo mundo de hoje. Além disso, a matemática cultiva a resiliência e a perseverança, ensinando aos alunos o valor da persistência na superação de desafios. Para além da sala de aula, uma base sólida em matemática abre portas a diversas carreiras, desde a engenharia e finanças à medicina e tecnologia. Como tal, fomentar a literacia matemática desde tenra idade não só capacita os indivíduos para compreenderem e contribuírem para a sociedade, como também promove uma apreciação ao longo da vida pela beleza e utilidade da matemática. Essencialmente, o ensino da matemática estabelece as bases para o crescimento intelectual, a inovação e o sucesso numa paisagem global em constante mudança.

- **Métodos de ensino tradicionais vs. inovadores**

Os métodos tradicionais de ensino da matemática baseiam-se frequentemente na memorização mecânica, em aulas teóricas e em exercícios de manuais, em que os alunos recebem passivamente informações e praticam procedimentos de rotina. Embora estes métodos possam ter os seus méritos em determinados contextos, podem por vezes levar ao desinteresse, a uma compreensão limitada e a uma falta de entusiasmo pela disciplina. Em contrapartida, os métodos de ensino inovadores adoptam abordagens dinâmicas e centradas no aluno que dão prioridade à aprendizagem ativa, à exploração e à resolução de problemas. Ao incorporar jogos, aplicações do mundo real, tecnologia e actividades de colaboração, os métodos inovadores não só captam o interesse dos alunos, como também promovem uma compreensão concetual mais profunda e uma retenção a longo prazo. Incentivam a criatividade, o pensamento crítico e a investigação, capacitando os alunos para se tornarem aprendizes confiantes e independentes que vêem a matemática como relevante e agradável. Essencialmente, enquanto os métodos tradicionais podem fornecer uma base, as abordagens inovadoras servem para enriquecer e animar a experiência de aprendizagem, alimentando uma geração de pensadores matematicamente fluentes, preparados para prosperar num mundo cada vez mais complexo.

Capítulo 2: Aprendizagem baseada no jogo

- **O poder do jogo na educação matemática**

A integração do jogo no ensino da matemática tem um potencial transformador, oferecendo uma abordagem dinâmica e envolvente à aprendizagem que transcende as fronteiras tradicionais. O jogo é um poderoso veículo de exploração, experimentação e descoberta, proporcionando aos alunos oportunidades de interagir com conceitos matemáticos de forma significativa e agradável. Através de jogos, puzzles e actividades lúdicas, os alunos desenvolvem competências matemáticas essenciais, tais como a resolução de problemas, o raciocínio espacial e o sentido de número, ao mesmo tempo que fomentam uma atitude positiva em relação à matemática. Além disso, o jogo incentiva a colaboração, a comunicação e a perseverança, fomentando importantes competências socio-emocionais a par do sucesso académico. Ao aproveitar a curiosidade e a criatividade inerentes às crianças, os educadores podem aproveitar o poder do jogo para desvendar os mistérios da matemática, criando experiências de aprendizagem ricas e envolventes que inspiram um amor duradouro pela disciplina. Na sua essência, o jogo no ensino da matemática transcende o mero divertimento; é um catalisador para o crescimento intelectual, a capacitação e a descoberta alegre.

- **Jogos e actividades para aprender números e operações**

Os jogos e as actividades desempenham um papel fundamental para tornar a aprendizagem dos números e das operações uma experiência agradável e envolvente para os alunos do ensino básico. Ao introduzir o carácter lúdico nos conceitos matemáticos, os educadores podem envolver os alunos em experiências de aprendizagem práticas que promovem a compreensão e a retenção. Eis alguns jogos e actividades inovadores concebidos para facilitar a exploração dos números e das operações:

i. **Bingo de números:** Crie cartões de bingo com números e operações matemáticas (por exemplo, problemas de adição ou subtração) em vez dos números tradicionais do bingo. Os alunos resolvem as operações para marcar os quadrados correspondentes.

ii. **Corrida matemática:** Divida os alunos em equipas e organize uma corrida de estafetas em que resolvem problemas de matemática em cada estação antes de passarem o testemunho ao colega seguinte. A equipa com o tempo total mais rápido ganha.

iii. **Dados matemáticos:** Utilizar dados com números e símbolos matemáticos. Os alunos lançam os dados e criam equações utilizando os números lançados e os símbolos. Esta atividade reforça as operações aritméticas básicas.

iv. **Jogo da amarelinha:** Desenhar uma linha numérica grande no chão e identificá-la com números. Os alunos saltam à vez ao longo da linha numérica enquanto dizem os números em que aterram ou efectuam operações simples.

v. **Jogo da memória matemática:** Criar um conjunto de cartões com números e representações correspondentes (por exemplo, numerais, palavras numéricas, marcas de contagem). Os alunos viram-se à vez para virar dois cartões de cada vez, tentando encontrar pares correspondentes.

vi. **Caça ao tesouro da matemática: Esconda** objectos relacionados com a matemática ou cartões com números na sala de aula ou no pátio da escola. Os alunos procuram os objectos e registam os números que encontram, utilizando-os depois para resolver problemas de matemática ou criar equações.

vii. **Estafeta matemática:** Organize uma corrida de estafetas em que os alunos resolvem problemas de matemática em cada estação antes de passarem o testemunho ao colega seguinte. Inclua uma variedade de operações e níveis de dificuldade para desafiar as capacidades dos alunos.

viii. **Construção de torres de números:** Forneça aos alunos blocos ou cubos rotulados com números. Os alunos devem empilhar os blocos para construir uma torre, enquanto praticam a contagem, a sequenciação e as operações aritméticas básicas.

ix. **Puzzles de Matemática:** Crie puzzles ou charadas que envolvam números e operações. Os alunos têm de resolver os puzzles para descobrir uma mensagem ou imagem oculta.

x. **Jogos de tabuleiro matemáticos:** Utilize jogos de tabuleiro como "Snakes and Ladders" ou "Chutes and Ladders" com um toque matemático, em que os jogadores têm de resolver problemas matemáticos para avançar no tabuleiro.

- Incorporar o jogo na resolução de problemas

Incorporar o jogo nas actividades de resolução de problemas não só torna o processo de aprendizagem agradável, como também melhora o pensamento crítico, a criatividade e a perseverança dos alunos. Ao enquadrar os desafios matemáticos como jogos ou tarefas lúdicas, os educadores podem criar um ambiente em que os alunos se sintam motivados para explorar, experimentar e descobrir soluções. Aqui estão algumas estratégias para integrar o jogo na resolução de problemas:

i. **Puzzles e adivinhas matemáticas:** Apresente aos alunos puzzles ou charadas que exijam a utilização de conceitos matemáticos para encontrar soluções. Incentive-os a trabalhar em colaboração ou em pequenos grupos para debater ideias e estratégias.

ii. **Escape Room Math:** Conceba desafios de escape room com temas matemáticos em que os alunos têm de resolver uma série de problemas matemáticos para desbloquear pistas e progredir no jogo. Esta atividade promove o trabalho em equipa, a comunicação e as competências de pensamento crítico.

iii. **Desafios de Mistério Matemático:** Criar cenários de mistério onde os alunos actuam como detectives que resolvem mistérios matemáticos. Forneça pistas e provas que exijam que os alunos apliquem estratégias de resolução de problemas para deduzir as soluções.

iv. **Contar histórias matemáticas:** Peça aos alunos para criarem e representarem histórias ou cenários matemáticos. Podem utilizar adereços, fatos e dramatizações para se imergirem no processo de resolução de problemas, ao mesmo tempo que desenvolvem competências narrativas e de comunicação.

v. **Olimpíadas de Matemática:** Organize um evento de olimpíadas de matemática em que os alunos competem em vários desafios de resolução de problemas, tais como corridas de matemática mental, puzzles lógicos e concursos de estimativa. Incorpore elementos de trabalho de equipa e espírito desportivo para promover um espírito competitivo positivo.

vi. **Projectos de arte matemática:** Integre a resolução de problemas em actividades artísticas, desafiando os alunos a criar desenhos, padrões ou esculturas matemáticas utilizando formas geométricas, simetria e raciocínio espacial. Isto permite que os alunos expressem a sua criatividade enquanto aplicam conceitos matemáticos.

vii. **Aventuras matemáticas ao ar livre:** Leve a resolução de problemas para fora da sala de aula com caças ao tesouro ao ar livre que envolvem pistas e desafios matemáticos. Os alunos podem explorar o que os rodeia enquanto praticam o pensamento crítico e as capacidades de observação.

viii. **Conceção de jogos matemáticos:** Peça aos alunos que criem os seus próprios jogos ou puzzles de matemática. Esta atividade incentiva a criatividade, a inovação e a resolução de problemas, uma vez que os alunos devem considerar regras, estratégias e desafios para que os seus jogos sejam interessantes e agradáveis.

ix. **Desafios de codificação matemática:** Introduzir plataformas de programação ou software que permitam aos alunos criar programas ou algoritmos para resolver problemas matemáticos. Esta abordagem prática à resolução de problemas integra o pensamento computacional com conceitos matemáticos.

x. **Criação de jogos de tabuleiro de matemática:** Convide os alunos a conceber e criar os seus próprios jogos de tabuleiro com temas matemáticos. Podem incorporar operações matemáticas, equações e estratégias no jogo, promovendo a criatividade e o pensamento crítico.

Capítulo 3: Técnicas de aprendizagem visual

- Utilização de manípulos e auxílios visuais

A utilização de manipuladores e recursos visuais é uma estratégia poderosa para melhorar a compreensão dos conceitos matemáticos no nível primário. Estas ferramentas práticas envolvem vários sentidos e respondem a vários estilos de aprendizagem, tornando as ideias abstractas mais concretas e acessíveis aos alunos. Aqui estão várias formas de os educadores poderem incorporar eficazmente manipuladores e ajudas visuais no seu ensino da matemática:

i. **Blocos de contagem:** Utilize blocos ou cubos para ensinar a contagem, a adição e a subtração. Os alunos podem manipular fisicamente os blocos para representar números e efetuar operações matemáticas, promovendo uma compreensão mais profunda dos conceitos numéricos.

ii. **Barras ou círculos de fracções:** Introduza barras ou círculos de fracções para ilustrar conceitos como equivalência, adição e subtração de fracções. Os alunos podem comparar diferentes fracções manipulando as barras ou os círculos, ajudando-os a visualizar as relações entre fracções.

iii. **Blocos de base dez:** Utilize blocos de base dez para ensinar o valor posicional, a adição e a subtração. Os alunos podem construir números utilizando unidades, barras, planos e cubos, reforçando o conceito de agrupamento por dezenas e centenas.

iv. **Blocos de padrões:** Incorporar blocos de padrões para explorar formas geométricas, simetria e raciocínio espacial. Os alunos podem criar e manipular padrões, tesselações e formas compostas, melhorando a sua compreensão dos conceitos de geometria.

v. **Sólidos geométricos:** Introduzir sólidos geométricos

tridimensionais, tais como cubos, esferas, cones e cilindros. Os alunos podem explorar as propriedades destas formas através de actividades práticas, promovendo a visualização espacial e a capacidade de resolução de problemas.

vi. **Linhas e gráficos numéricos:** Apresentar linhas numéricas, tabelas ou gráficos para visualizar relações e padrões numéricos. Os alunos podem utilizar estes recursos visuais para representar dados, fazer comparações e resolver problemas matemáticos de forma mais eficaz.

vii. **Mosaicos de fracções, decimais e percentagens:** Forneça mosaicos ou modelos de fracções, decimais e percentagens para facilitar a compreensão e a conversão entre estas representações. Os alunos podem manipular os mosaicos para explorar relações e resolver problemas do mundo real.

viii. **Ferramentas de gráficos:** Utilizar ferramentas gráficas, tais como gráficos de barras, gráficos de linhas e grelhas de coordenadas para representar dados visualmente. Os alunos podem interpretar gráficos, analisar tendências e fazer previsões com base na informação apresentada.

ix. **Quadros interactivos:** Utilize quadros interactivos ou ferramentas digitais para melhorar as aulas com imagens dinâmicas, simulações e actividades interactivas. Estes recursos multimédia envolvem os alunos e permitem a exploração colaborativa de conceitos matemáticos.

x. **Objectos do mundo real:** Incorpore objectos do dia a dia, como moedas, relógios, ferramentas de medição e artigos domésticos nas aulas de matemática. Os alunos podem aplicar conceitos matemáticos a contextos do mundo real, tornando a aprendizagem relevante e significativa.

Ao integrar manipuladores e ajudas visuais no ensino da matemática, os educadores podem criar experiências de aprendizagem ricas e interactivas que respondem a diversos estilos de aprendizagem e promovem a compreensão concetual. Estas representações tangíveis e visuais não só tornam os conceitos abstractos mais concretos, como também despertam a curiosidade, o empenho e o entusiasmo pela aprendizagem da matemática.

- Organizadores gráficos para a compreensão concetual

Os organizadores gráficos são ferramentas valiosas para facilitar a compreensão concetual da matemática no nível primário. Fornecem representações visuais de conceitos matemáticos, ajudando os alunos a organizar a informação, a estabelecer ligações e a aprofundar a sua compreensão. Aqui estão vários tipos de organizadores gráficos que os educadores podem utilizar para apoiar a compreensão concetual em matemática:

i. **Mapas conceptuais:** Os mapas conceptuais são diagramas hierárquicos que ilustram as relações entre diferentes conceitos matemáticos. Os alunos podem criar mapas conceptuais para organizar visualmente ideias-chave, definições e exemplos relacionados com um determinado tópico, como fracções ou geometria.

ii. **Diagramas de Venn:** Os diagramas de Venn são utilizados para comparar e contrastar conjuntos de objectos ou números. Os alunos podem utilizar diagramas de Venn para representar relações entre diferentes conjuntos, como números primos e compostos ou polígonos e círculos.

iii. **Gráficos em T:** Os gráficos em T são organizadores simples com duas colunas utilizados para categorizar e comparar informação. Os alunos podem utilizar gráficos em T para organizar dados, listar propriedades de formas ou comparar diferentes estratégias para resolver problemas matemáticos.

iv. **Fluxogramas:** Os fluxogramas são diagramas sequenciais que representam uma série de passos ou processos. Os alunos podem utilizar fluxogramas para ilustrar algoritmos, procedimentos ou estratégias de resolução de problemas, tais como os passos para a divisão longa ou a ordem das operações.

v. **Linhas numéricas:** As linhas numéricas são representações visuais do sistema de números reais. Os alunos podem utilizar as linhas numéricas para representar e comparar números, visualizar a adição e a subtração e compreender conceitos como fracções, decimais e inteiros.

vi. **Diagramas de árvore:** Os diagramas de árvore são estruturas hierárquicas que ilustram os resultados possíveis de uma série de eventos ou decisões. Os alunos podem utilizar diagramas de árvore para representar probabilidades, combinações ou os resultados de um problema matemático com várias etapas.

vii. **Organizadores gráficos para problemas de palavras:** Os organizadores gráficos especificamente concebidos para problemas de palavras podem ajudar os alunos a analisar e resolver problemas matemáticos complexos. Estes organizadores incluem normalmente espaços para identificar informação chave, determinar a estratégia de resolução de problemas e mostrar os passos da solução.

viii. **Modelos de fracções:** Os modelos de fracções, tais como círculos, barras ou tiras de fracções, são representações visuais de fracções. Os alunos podem utilizar modelos de fracções para compreender a relação entre o numerador e o denominador, comparar fracções e efetuar operações com fracções.

ix. **Grelhas de coordenadas:** As grelhas de coordenadas são grelhas utilizadas para representar pontos e funções gráficas no sistema de coordenadas cartesianas. Os alunos podem utilizar grelhas de coordenadas para representar formas geométricas, traçar pares ordenados e explorar conceitos como simetria e transformações.

x. **Organizadores gráficos de resolução de problemas:** Os organizadores gráficos de resolução de problemas guiam os alunos através do processo de resolução de problemas, desde a compreensão do problema até à procura de uma solução. Estes organizadores incluem normalmente espaços para identificar o problema, elaborar um plano, resolver o problema e verificar a solução.

- Infografias e mapas mentais para a exploração matemática

As infografias e os mapas mentais são ferramentas poderosas para promover a exploração e a compreensão da matemática no ensino básico. Fornecem representações visuais que ajudam os alunos a organizar a informação, a estabelecer ligações e a compreender mais facilmente conceitos matemáticos complexos. Eis como os educadores podem incorporar eficazmente os infográficos e os mapas mentais no ensino da matemática:

i. **Infografias para a compreensão concetual:** Criar infografias que representar visualmente conceitos matemáticos fundamentais, processos ou relações. Por exemplo, uma infografia pode ilustrar os passos para resolver um tipo específico de problema, as propriedades das formas geométricas ou os diferentes tipos de gráficos utilizados na representação de dados.

ii. **Mapas mentais para estratégias de resolução de problemas:** Utilizar mapas mentais para delinear estratégias e abordagens de resolução de problemas. Os alunos podem criar mapas mentais para visualizar as etapas envolvidas na resolução de problemas matemáticos, identificar informações relevantes e planear a sua abordagem de resolução de problemas.

iii. **Infográficos para representação de dados:** Conceba infografias que apresentem diferentes tipos de representação de dados, como gráficos de barras, gráficos de linhas e gráficos de tartes. Os alunos podem utilizar estas infografias para compreender como interpretar e analisar dados de forma eficaz.

iv. **Mapas mentais para vocabulário matemático:** Crie mapas mentais que organizem o vocabulário e os conceitos matemáticos. Os alunos podem utilizar estes mapas mentais para explorar e rever termos-chave relacionados com tópicos matemáticos específicos, como a adição e a subtração ou a geometria.

v. **Infografias para aplicações no mundo real:** Desenvolver infografias que ilustrem aplicações de conceitos matemáticos no mundo real. Por exemplo, uma infografia pode mostrar como a matemática é utilizada na arquitetura, finanças, desporto ou tecnologia. Os alunos podem explorar estas infografias para compreender a relevância da matemática no seu quotidiano.

vi. **Mapas mentais para conexões conceptuais:** Incentive os alunos a criar mapas mentais que demonstrem ligações entre diferentes conceitos matemáticos. Por exemplo, um mapa mental pode mostrar como a adição e a multiplicação estão relacionadas, ou como as fracções e os decimais estão interligados.

vii. **Infografias para tipos de problemas:** Conceber infografias que categorizem diferentes tipos de problemas matemáticos. Os alunos podem utilizar estas infografias para identificar estratégias e técnicas de resolução de problemas para tipos de problemas específicos, como problemas de palavras, problemas de geometria ou problemas de padrões numéricos.

viii. **Mapas mentais para projectos de matemática:** Peça aos alunos que criem mapas mentais para planear e organizar projectos ou investigações matemáticas. Os mapas mentais podem ajudar os alunos a debater ideias, a delinear os objectivos do projeto e a estruturar as suas pesquisas e descobertas.

ix. **Infografias sobre a história da matemática e factos interessantes:** Desenvolva infografias que realcem factos interessantes sobre a matemática e a sua história. Os alunos podem explorar estas infografias para aprenderem sobre matemáticos famosos, marcos históricos da matemática e curiosidades matemáticas divertidas.

x. **Mapas mentais para reflexão e revisão:** Utilizar mapas mentais como ferramentas de reflexão e revisão. Os alunos podem criar mapas mentais para resumir e rever conceitos-chave aprendidos na aula, identificar áreas fortes e áreas a melhorar, e estabelecer objectivos para a sua aprendizagem matemática.

Capítulo 4: Aprendizagem baseada na investigação

- Incentivar a curiosidade e a exploração

Incentivar a curiosidade e a exploração é essencial no ensino da matemática no nível primário para fomentar uma compreensão profunda dos conceitos matemáticos e promover a aprendizagem ao longo da vida. Ao fomentar a curiosidade natural dos alunos e ao proporcionar oportunidades de exploração, os educadores podem inspirar um sentimento de admiração e descoberta na matemática. Aqui estão várias estratégias para incentivar a curiosidade e a exploração na sala de aula:

i. **Perguntas abertas:** Coloque questões abertas que convidem os alunos a pensar criticamente e a explorar conceitos matemáticos de diferentes perspectivas. Incentive os alunos a partilharem as suas ideias, a fazerem perguntas e a participarem em debates significativos.

ii. **Actividades práticas:** Proporcione actividades práticas e manipuladores que permitam aos alunos explorar conceitos matemáticos através da experiência direta. Incentive os alunos a manipular objectos, realizar experiências e fazer observações para aprofundar a sua compreensão.

iii. **Desafios de resolução de problemas:** Apresente aos alunos desafios de resolução de problemas que exijam criatividade, perseverança e pensamento crítico. Encoraje os alunos a explorar estratégias múltiplas, a fazer conjecturas e a procurar soluções inovadoras para problemas matemáticos.

iv. **Conexões com o mundo real:** Ligar conceitos matemáticos a contextos e aplicações do mundo real que sejam relevantes e significativos para a vida dos alunos. Incentivar os alunos a explorar a forma como a matemática é utilizada em situações do quotidiano, carreiras e contextos culturais diversos.

v. **Aprendizagem baseada na investigação:** Adotar abordagens de aprendizagem baseadas na investigação que permitam aos alunos colocar questões, investigar fenómenos matemáticos e construir a sua própria compreensão dos conceitos. Proporcionar oportunidades para projectos de investigação e investigações conduzidos pelos alunos.

vi. **Tarefas exploratórias:** Atribuir tarefas exploratórias que incentivem os alunos a investigar conceitos matemáticos de forma autónoma ou em pequenos grupos. Forneça orientação e apoio quando necessário, mas dê aos alunos a liberdade de explorar e fazer descobertas por si próprios.

vii. **Jogos matemáticos:** Incorporar jogos e puzzles matemáticos que incentivem a exploração e a resolução de problemas. Os jogos proporcionam uma forma divertida e cativante de os alunos praticarem competências matemáticas, desenvolverem o pensamento estratégico e aprenderem por tentativa e erro.

viii. **Projectos abertos:** Atribua projectos abertos que permitam aos alunos explorar em profundidade tópicos matemáticos de interesse. Incentive a criatividade, a inovação e a aprendizagem autónoma à medida que os alunos concebem e executam os seus projectos.

ix. **Experiências Multisensoriais:** Proporcionar experiências multissensoriais que envolvam os sentidos dos alunos e melhorem a sua compreensão dos conceitos matemáticos. Utilize recursos visuais, manipulativos, multimédia e objectos do mundo real para criar experiências de aprendizagem enriquecedoras.

x. **Celebrar a curiosidade:** Celebrar e validar a curiosidade dos alunos, reconhecendo as suas perguntas, ideias e descobertas.

Crie uma cultura de apoio na sala de aula onde a curiosidade é encorajada e os erros são vistos como oportunidades de aprendizagem e crescimento.

- Colocação de problemas e investigação

A colocação de problemas e a investigação são componentes integrais da educação matemática que permitem aos alunos assumir um papel ativo na sua aprendizagem, fomentando a curiosidade, a criatividade e as capacidades de pensamento crítico. Incentivar os alunos a colocarem os seus próprios problemas matemáticos e a investigarem soluções não só aprofunda a sua compreensão dos conceitos matemáticos, como também promove um sentido de propriedade e de ação no processo de aprendizagem. Eis como os educadores podem facilitar a colocação de problemas e a investigação na sala de aula de matemática do ensino básico:

i. **Tarefas abertas:** Forneça tarefas abertas ou sugestões que convidem os alunos a criar as suas próprias questões matemáticas e a explorar soluções. Incentive os alunos a considerar diferentes possibilidades, perspectivas e abordagens para a resolução de problemas.

ii. **Sessões de brainstorming:** Facilite sessões de brainstorming em que os alunos, em colaboração, geram ideias para problemas matemáticos ou investigações. Incentive os alunos a desenvolverem as ideias uns dos outros e a pensarem de forma criativa sobre potenciais estratégias de resolução de problemas.

iii. **Contextos do mundo real:** Enquadrar a colocação de problemas e a investigação em contextos do mundo real que sejam relevantes e significativos para a vida dos alunos. Incentivar os alunos a explorar a forma como a matemática pode ser aplicada para resolver problemas práticos, tomar decisões informadas e compreender o mundo que os rodeia.

iv. **Apoio de andaimes:** Fornecer apoio de andaimes para ajudar os alunos a navegar no processo de colocação de problemas e investigação. Ofereça orientação sobre como formular questões matemáticas claras e concisas, identificar informações relevantes e desenvolver abordagens sistemáticas para a resolução de problemas.

v. **Escolha do aluno:** Ofereça aos alunos escolha e autonomia na seleção de tópicos ou temas para as suas investigações matemáticas. Permitir que os alunos se dediquem a áreas de interesse ou de curiosidade que lhes sejam pessoais, promovendo a motivação intrínseca e o empenhamento.

vi. **Competências de investigação:** Ensinar aos alunos competências de investigação e estratégias para recolher informação, recolher dados e conduzir investigações. Incentivar os alunos a utilizar uma variedade de fontes, incluindo livros, sítios Web, experiências e entrevistas, para reunir provas e apoiar as suas investigações matemáticas.

vii. **Processo iterativo:** Sublinhe que a colocação de problemas e a investigação são processos iterativos que podem envolver várias tentativas, revisões e aperfeiçoamentos. Incentive os alunos a aceitarem os desafios e os retrocessos como oportunidades de aprendizagem e crescimento.

viii. **Colaboração entre pares:** Fomentar a colaboração e a comunicação entre pares enquanto os alunos trabalham em conjunto para colocar e investigar problemas matemáticos. Incentive os alunos a partilharem as suas ideias, percepções e estratégias, e ofereça oportunidades de feedback e reflexão entre pares.

ix. **Reflexão e Metacognição:** Promover a reflexão e a metacognição, incentivando os alunos a articularem os seus processos de pensamento, a avaliarem as suas estratégias de resolução de problemas e a reflectirem sobre as suas experiências de aprendizagem. Ajudar os alunos a desenvolver uma compreensão mais profunda dos seus próprios pontos fortes, desafios e áreas de crescimento.

x. **Celebração das descobertas:** Celebrar e apresentar as descobertas, os conhecimentos e as soluções matemáticas dos alunos. Proporcionar oportunidades para os alunos apresentarem as suas descobertas aos colegas, às famílias ou à comunidade em geral, promovendo um sentimento de realização e orgulho nas suas realizações matemáticas.

- Aplicações e ligações ao mundo real

As aplicações e ligações ao mundo real desempenham um papel crucial para ajudar os alunos do ensino básico a compreender a relevância e a importância da matemática na sua vida quotidiana. Ao integrar contextos do mundo real no ensino da matemática, os educadores podem envolver os alunos em experiências de aprendizagem significativas que aprofundam a sua compreensão dos conceitos matemáticos e promovem competências transferíveis. Aqui estão várias estratégias para incorporar aplicações e conexões do mundo real na sala de aula de matemática do ensino básico:

i. **Exemplos do quotidiano:** Integrar exemplos e cenários do quotidiano nas aulas de matemática para ilustrar como os conceitos matemáticos são utilizados na vida real. Por exemplo, utilizar cenários relacionados com compras, culinária ou desporto para ensinar conceitos como a adição, subtração, multiplicação e divisão.

ii. **Aprendizagem baseada em problemas:** Apresentar aos alunos problemas autênticos e abertos que reflictam desafios e contextos do mundo real. Incentivar os alunos a aplicar conceitos matemáticos e estratégias de resolução de problemas para analisar, interpretar e resolver esses problemas.

iii. **Desafios STEM:** Envolva os alunos em desafios STEM práticos que exijam a utilização de conceitos matemáticos em conjunto com princípios de ciência, tecnologia e engenharia. Por exemplo, desafie os alunos a projetar e construir estruturas, realizar experiências ou criar modelos utilizando princípios matemáticos.

iv. **Literacia financeira:** Ensinar competências de literacia financeira, incorporando conceitos como orçamento, poupança e investimento no ensino da matemática. Utilize exemplos do mundo real, como a gestão de dinheiro, o cálculo de descontos e a compreensão das taxas de juro, para ajudar os alunos a desenvolver competências práticas de matemática.

v. **Projectos de análise de dados:** Faça com que os alunos recolham, analisem e interpretem conjuntos de dados do mundo real para tirar conclusões e tomar decisões informadas.

Utilizar dados de fontes como inquéritos, boletins meteorológicos ou estatísticas desportivas para ensinar conceitos como média, mediana, moda e intervalo.

vi. **Actividades de medição:** Explore conceitos de medição como comprimento, área, volume e capacidade através de actividades de medição do mundo real. Por exemplo, peça aos alunos para medirem objectos no seu ambiente, calcularem a área e o perímetro de formas ou estimarem quantidades em situações do dia a dia.

vii. **Exploração geométrica:** Relacionar conceitos geométricos com formas, estruturas e desenhos do mundo real. Explore tópicos como simetria, tesselações e transformações, examinando exemplos de arquitetura, arte, natureza e objectos do quotidiano.

viii. **Integração tecnológica:** Utilizar ferramentas e aplicações tecnológicas para explorar aplicações e simulações matemáticas do mundo real. Por exemplo, utilizar calculadoras gráficas, folhas de cálculo ou simulações interactivas para modelar e visualizar conceitos matemáticos em contextos autênticos.

ix. **Ligações profissionais:** Destacar as diversas oportunidades de carreira que exigem competências e conhecimentos matemáticos. Convidar oradores de áreas STEM para partilharem as suas experiências e demonstrarem como a matemática é utilizada nas suas profissões.

x. **Integração inter-curricular:** Integrar a matemática com outras áreas disciplinares, tais como ciências, estudos sociais, artes da linguagem e artes, para explorar ligações e aplicações interdisciplinares. Utilizar a aprendizagem baseada em projectos e unidades temáticas para envolver os alunos em experiências de aprendizagem significativas e integradas.

Capítulo 5: Estratégias de aprendizagem em colaboração

- Tutoria entre pares e aprendizagem cooperativa

A tutoria entre pares e a aprendizagem cooperativa são estratégias de ensino poderosas que promovem a colaboração, a comunicação e o apoio mútuo entre os alunos na sala de aula de matemática do ensino básico. Ao envolver os alunos como alunos e professores, estas abordagens promovem um ambiente positivo na sala de aula, onde os alunos se apropriam da sua aprendizagem e desenvolvem uma compreensão mais profunda dos conceitos matemáticos. Seguem-se várias estratégias para implementar a tutoria entre pares e a aprendizagem cooperativa no ensino primário da matemática:

i. **Emparelhar e partilhar:** Coloque os alunos em pares para trabalharem em tarefas ou problemas matemáticos de forma colaborativa. Incentive os alunos a explicarem conceitos, a fazerem perguntas e a darem feedback uns aos outros.
ii. **Grupos de quebra-cabeças:** Divida os alunos em pequenos grupos e atribua a cada grupo um tópico ou conceito matemático específico para explorar. Faça com que os alunos se tornem especialistas no tópico que lhes foi atribuído e depois ensinem-no aos colegas de grupos diferentes.
iii. **Co-orientação entre pares:** Colocar em pares alunos com diferentes níveis de proficiência matemática como orientadores e aprendizes. O aluno mais proficiente pode dar orientação e apoio ao aluno menos proficiente, reforçando a sua própria compreensão no processo.
iv. **Tarefas de resolução de problemas em grupo:** Atribua tarefas de resolução de problemas em grupo que exijam que os alunos

trabalhem em conjunto para resolver problemas matemáticos complexos. Incentive os alunos a partilharem as suas estratégias, a discutirem os seus processos de raciocínio e a colaborarem na procura de soluções.

v. **Jogos e actividades matemáticas:** Incorpore jogos e actividades matemáticas que incentivem a interação e colaboração entre pares. Jogos como o Bingo Matemático, o Jeopardy Matemático ou as Corridas de Estafetas Matemáticas oferecem oportunidades para os alunos trabalharem em conjunto para um objetivo comum.

vi. **Projectos de cooperação:** Atribua projectos cooperativos que exijam que os alunos colaborem na pesquisa, planeamento e apresentação de tópicos ou investigações matemáticas. Incentive os alunos a dividir tarefas, partilhar responsabilidades e comunicar eficazmente para atingir os objectivos do projeto.

vii. **Estratégias de aprendizagem assistida por pares (PALS):** Implementar estratégias estruturadas de aprendizagem assistida por pares, como o ensino recíproco ou protocolos de tutoria entre pares, em que os alunos se revezam para ensinar e orientar uns aos outros em competências ou conceitos matemáticos específicos.

viii. **Pensar-Par-Compartilhar:** Utilize a estratégia "pensar-partilhar" para encorajar a participação ativa e a interação entre pares durante os debates sobre matemática. Peça aos alunos para pensarem individualmente numa questão ou problema matemático, depois discutam as suas ideias com um colega e, por fim, partilhem as suas respostas com toda a turma.

ix. **Feedback e reflexão entre pares:** Incentivar os alunos a dar feedback construtivo aos seus pares sobre o seu pensamento matemático e estratégias de resolução de problemas. Ensine os alunos a dar e a receber feedback de forma respeitosa e a utilizá-lo para melhorar a sua própria compreensão e desempenho.

x. **Tutoria entre pares de vários anos:** Junte alunos de diferentes níveis de ensino para participar em sessões de tutoria entre pares. Os alunos mais velhos podem servir de mentores e modelos, enquanto os alunos mais novos beneficiam de apoio e orientação personalizados.

- Projectos de grupo e tarefas de resolução de problemas

Os projectos de grupo e as tarefas de resolução de problemas são excelentes métodos para promover a colaboração, o pensamento crítico e o trabalho de equipa na sala de aula de matemática do ensino básico. Ao trabalharem juntos em desafios matemáticos significativos, os alunos desenvolvem competências de resolução de problemas, aprofundam a sua compreensão dos conceitos matemáticos e aprendem a comunicar e a colaborar eficazmente com os seus pares. Aqui estão várias estratégias para implementar projectos de grupo e tarefas de resolução de problemas no ensino primário da matemática:

i. **Atribuição de grupos diversificados:** Forme grupos com uma mistura de alunos com diferentes níveis de proficiência matemática e com diferentes origens. Isto permite que os alunos aprendam com os pontos fortes e as perspectivas uns dos outros, promovendo um ambiente de aprendizagem solidário e inclusivo.

ii. **Seleção de tópicos interessantes:** Escolha tópicos ou desafios matemáticos que sejam relevantes, interessantes e adequados à idade dos alunos do ensino básico. Incentive os alunos a explorar problemas do mundo real, puzzles ou investigações matemáticas que despertem a sua curiosidade e criatividade.

iii. **Objectivos e expectativas claros:** Defina claramente os objectivos, expectativas e critérios de sucesso para cada projeto de grupo ou tarefa de resolução de problemas. Forneça aos alunos directrizes, rubricas ou listas de verificação claras para os ajudar a compreender o que se espera e como o seu trabalho será avaliado.

iv. **Colaboração estruturada:** Proporcionar oportunidades estruturadas de colaboração dentro dos grupos, tais como sessões de brainstorming, reuniões de planeamento e pontos de controlo do progresso. Ensine os alunos a comunicar eficazmente, a delegar tarefas e a resolver conflitos de forma respeitosa e produtiva.

v. **Incentivar a criatividade e a inovação:** Incentivar os alunos a pensar de forma criativa e inovadora quando abordam problemas e desafios matemáticos. Proporcionar oportunidades para os alunos explorarem várias estratégias, experimentarem diferentes abordagens e correrem riscos no seu processo de resolução de problemas.

vi. **Apoio e feedback dos pares:** Incentive os alunos a apoiarem-se e a ajudarem-se mutuamente nos seus grupos, partilhando ideias, dando feedback e oferecendo assistência quando necessário. Ensine os alunos a dar feedback construtivo e a utilizar o feedback para melhorar o seu trabalho.

vii. **Facilitação e orientação do professor:** Atuar como facilitador e guia durante os projectos de grupo e as tarefas de resolução de problemas, fornecendo apoio, encorajamento e apoio, conforme necessário. Monitorizar o progresso dos alunos, fazer perguntas de sondagem e oferecer esclarecimentos ou extensões para aprofundar a compreensão.

viii. **Apresentação e reflexão:** Dê aos grupos a oportunidade de apresentarem as suas descobertas, soluções ou projectos à turma.

Incentive os alunos a refletir sobre o seu processo de aprendizagem, a discutir os seus sucessos e desafios e a identificar o que aprenderam com a experiência.

ix. **Promover a responsabilização:** Responsabilize os alunos pelas suas contribuições individuais para o projeto de grupo ou para a tarefa de resolução de problemas. Incentive os alunos a assumirem as suas funções e responsabilidades dentro dos seus grupos e a participarem ativamente em todos os aspectos da tarefa.

x. **Celebrar o sucesso:** Celebrar e reconhecer as realizações e os êxitos de cada grupo. Realce os pontos fortes e as realizações do trabalho de cada grupo e incentive os alunos a celebrarem os seus esforços e realizações colectivos como uma equipa.

- Cultivar as competências de comunicação e de colaboração

O desenvolvimento de competências de comunicação e colaboração é essencial na sala de aula de matemática do ensino básico para promover um ambiente de aprendizagem favorável e capacitar os alunos para trabalharem eficazmente com os seus pares. Ao desenvolverem estas competências, os alunos não só melhoram a sua compreensão matemática, como também desenvolvem importantes competências sociais e emocionais que são essenciais para o sucesso escolar e não só. Seguem-se várias estratégias para cultivar as competências de comunicação e colaboração no ensino da matemática no ensino básico:

i. **Trabalho de grupo:** Incorporar actividades de trabalho de grupo colaborativo nas aulas de matemática onde os alunos trabalham em conjunto para resolver problemas, completar tarefas ou explorar conceitos matemáticos. Incentive os alunos a partilhar ideias, fazer perguntas e trabalhar em cooperação para atingir objectivos comuns.

ii. **Tutoria entre pares:** Implementar programas de tutoria entre pares em que os alunos se revezam para ensinar e aprender uns com os outros. Junte alunos com diferentes níveis de proficiência em matemática para proporcionar apoio e encorajamento mútuos.

iii. **Conversas sobre matemática:** Facilite conversas ou debates sobre matemática em que os alunos têm a oportunidade de explicar o seu pensamento matemático, justificar o seu raciocínio e criticar as ideias uns dos outros. Incentive a escuta ativa, a comunicação respeitosa e a abertura de espírito durante as conversas sobre matemática.

iv. **Projectos de colaboração:** Atribua projectos de colaboração que exijam que os alunos trabalhem em conjunto para pesquisar, planear e apresentar tópicos ou investigações matemáticas. Incentive os alunos a dividir tarefas, delegar responsabilidades e comunicar eficazmente para atingir os objectivos do projeto.

v. **Estruturas de aprendizagem cooperativa:** Implemente estruturas de aprendizagem cooperativa, tais como pensar-para-partilhar, quebra-cabeças ou cabeças numeradas em conjunto para promover o envolvimento ativo e a interação entre os alunos. Proporcione oportunidades para os alunos trabalharem em colaboração em pequenos grupos ou pares.

vi. **Equipas de resolução de problemas:** Forme equipas de resolução de problemas onde os alunos colaboram para resolver problemas matemáticos complexos ou puzzles. Incentive os alunos a partilharem estratégias, a explorarem várias abordagens e a aprenderem com os processos de resolução de problemas uns dos outros.

vii. **Feedback e reflexão entre pares:** Incentivar os alunos a dar feedback construtivo aos seus pares sobre o seu pensamento matemático e estratégias de resolução de problemas. Ensine os alunos a dar e a receber feedback de forma respeitosa e a utilizá-lo para melhorar a sua própria compreensão e desempenho.

viii. **Questionamento Socrático:** Utilize técnicas de questionamento socrático para estimular o pensamento crítico e promover o diálogo entre os alunos. Faça perguntas abertas que incentivem os alunos a explicar o seu raciocínio, a justificar as suas respostas e a considerar pontos de vista alternativos.

ix. **Actividades de representação de papéis:** Envolva os alunos em actividades de dramatização em que assumem diferentes papéis e perspectivas relacionadas com conceitos ou cenários matemáticos. Incentive os alunos a comunicar e a colaborar uns com os outros para resolver problemas e tomar decisões.

x. **Celebrar a colaboração:** Celebrar e reconhecer os casos de comunicação e colaboração eficazes na sala de aula. Destaque exemplos de trabalho de equipa, cooperação e interacções de apoio entre alunos e reforce a importância de trabalhar em conjunto para atingir objectivos comuns.

Capítulo 6: Integração de tecnologias

- Aplicações e software educativos para a matemática

As aplicações e o software educativos oferecem formas interessantes e interactivas de melhorar a aprendizagem da matemática na sala de aula do ensino básico. Estas ferramentas digitais dão aos alunos a oportunidade de praticar competências matemáticas, explorar conceitos em profundidade e receber feedback personalizado. Aqui estão várias aplicações educativas e programas de software adequados para o ensino da matemática no ensino primário:

i. **Prodigy:** Prodigy é uma plataforma de aprendizagem baseada em jogos que adapta o conteúdo matemático às necessidades individuais de aprendizagem dos alunos. Oferece uma variedade de actividades matemáticas, questionários e jogos alinhados com as normas curriculares, permitindo aos alunos praticar competências matemáticas enquanto exploram um mundo temático de fantasia.

ii. **IXL:** O IXL é uma plataforma de aprendizagem adaptativa que oferece prática personalizada em matemática e noutras disciplinas. Fornece exercícios interactivos, feedback em tempo real e acompanhamento do progresso para ajudar os alunos a dominar as competências matemáticas essenciais ao seu próprio ritmo.

iii. **SplashLearn:** O SplashLearn oferece um programa de matemática abrangente para alunos dos graus K-5. Inclui jogos de matemática interactivos, actividades de prática adaptáveis e relatórios de progresso detalhados para apoiar a aprendizagem personalizada e o desenvolvimento de competências.

iv. **ST Math:** ST Math (Spatial-Temporal Math) é um programa de instrução visual que se centra no desenvolvimento da compreensão concetual da matemática por parte dos alunos através de puzzles e jogos interactivos. Utiliza representações visuais para ajudar os alunos a explorar conceitos matemáticos em profundidade.

v. **Mathletics:** O Mathletics é um programa de matemática online que oferece uma vasta gama de actividades, desafios e jogos interactivos de matemática. Oferece funcionalidades de aprendizagem adaptáveis, competições de matemática em direto e percursos de aprendizagem personalizáveis para envolver os alunos e apoiar um ensino diferenciado.

vi. **Khan Academy Kids:** A Khan Academy Kids oferece uma variedade de actividades educativas, incluindo jogos de matemática, vídeos e lições interactivas, concebidas especificamente para jovens alunos. Abrange competências matemáticas fundamentais, como a contagem, as formas e a aritmética básica.

vii. **DreamBox:** O DreamBox Learning é um programa de matemática adaptável que fornece instrução matemática personalizada com base nas necessidades e preferências de aprendizagem individuais dos alunos. Oferece lições interactivas, jogos e actividades alinhadas com as normas curriculares.

viii. **Matemática Moose:** Moose Math é uma aplicação de matemática envolvente para crianças pequenas que oferece uma variedade de actividades e jogos de matemática. Abrange temas como a contagem, a adição, a subtração e a geometria, apresentados num formato divertido e interativo.

ix. **Mathseeds:** O Mathseeds é um programa de matemática online concebido para os primeiros alunos. Oferece actividades matemáticas interactivas, questionários e lições que abrangem competências matemáticas fundamentais, como o reconhecimento de números, a contagem e as operações básicas.

x. **GeoGebra:** O GeoGebra é um software de matemática dinâmica que permite aos alunos explorar conceitos matemáticos através de simulações interactivas, gráficos e ferramentas de geometria. Abrange uma vasta gama de tópicos, desde álgebra e geometria a cálculo e estatística.

Ao incorporar estas aplicações educativas e programas de software no ensino da matemática primária, os educadores podem proporcionar aos alunos experiências de aprendizagem envolventes, interactivas e personalizadas que apoiam o desenvolvimento de competências, a compreensão concetual e a fluência matemática. Além disso, estas ferramentas digitais oferecem oportunidades de diferenciação, avaliação e monitorização do progresso, permitindo que os educadores adaptem a instrução para satisfazer as diversas necessidades dos seus alunos.

- Quadros interactivos e apresentações multimédia

Os quadros interactivos e as apresentações multimédia são ferramentas poderosas para melhorar o ensino da matemática na sala de aula do ensino básico. Estas tecnologias oferecem formas dinâmicas e interactivas de envolver os alunos, visualizar conceitos matemáticos e facilitar o ensino em toda a turma. Eis algumas estratégias para integrar eficazmente os quadros interactivos e as apresentações multimédia no ensino primário da matemática:

i. **Demonstrações interactivas:** Utilizar o quadro interativo para demonstrar conceitos matemáticos, procedimentos e estratégias de resolução de problemas de uma forma dinâmica e cativante. Incorporar elementos multimédia como vídeos, animações e simulações para fornecer representações visuais de conceitos abstractos.

ii. **Manipulativos virtuais:** Utilize manipuladores virtuais e ferramentas interactivas disponíveis no quadro interativo para envolver os alunos na exploração prática de conceitos matemáticos. Por exemplo, utilize barras de fracções virtuais, blocos de base dez ou formas geométricas para ilustrar operações e relações matemáticas.

iii. **Jogos e actividades interactivas:** Incorpore jogos e actividades interactivas de matemática em apresentações multimédia para reforçar a aprendizagem e proporcionar oportunidades para a participação dos alunos. Inclua jogos que permitam aos alunos praticar competências matemáticas, resolver puzzles e competir de uma forma divertida e cativante.

iv. **Ferramentas matemáticas digitais:** Integrar ferramentas e recursos matemáticos digitais, tais como calculadoras gráficas, software de geometria e aplicações matemáticas, em apresentações multimédia para melhorar a exploração matemática e as capacidades de resolução de problemas dos alunos.

v. **Resolução colaborativa de problemas:** Utilize o quadro interativo para facilitar actividades de resolução colaborativa de problemas em que os alunos trabalham em conjunto para resolver problemas matemáticos ou explorar conceitos matemáticos. Incentive os alunos a partilharem as suas ideias, a colaborarem nas soluções e a justificarem o seu raciocínio.

vi. **Visualização dinâmica:** Utilizar apresentações multimédia para visualizar de forma dinâmica conceitos, processos e relações matemáticas. Incorpore animações, gráficos e diagramas para ajudar os alunos a desenvolver uma compreensão mais profunda de ideias matemáticas abstractas.

vii. **Avaliações interactivas:** Crie avaliações interactivas e questionários utilizando o quadro interativo para avaliar a compreensão dos alunos relativamente a conceitos e competências matemáticas. Inclua elementos interactivos, tais como actividades de arrastar e largar, perguntas de escolha múltipla e diagramas interactivos.

viii. **Viagens de campo virtuais:** Leve os alunos em viagens de campo virtuais utilizando apresentações multimédia para explorar aplicações da matemática no mundo real. Visite museus virtuais, marcos arquitectónicos ou locais históricos que demonstrem princípios matemáticos em ação.

ix. **Abordagem de sala de aula invertida:** Implemente uma abordagem de sala de aula invertida, utilizando apresentações multimédia para fornecer conteúdos de instrução fora do tempo de aula, permitindo actividades mais interactivas e envolventes durante a aula. Os alunos podem ver vídeos instrutivos ou explorar recursos multimédia ao seu próprio ritmo, libertando tempo de aula para actividades práticas e debates.

x. **Apresentações criadas pelos alunos:** Incentive os alunos a criarem as suas próprias apresentações multimédia para demonstrarem a sua compreensão dos conceitos matemáticos ou para mostrarem as suas capacidades de resolução de problemas. Proporcione oportunidades para os alunos apresentarem o seu trabalho aos colegas, promovendo a colaboração e as competências de comunicação.

- Codificação e robótica para a exploração matemática

A programação e a robótica oferecem oportunidades únicas para os alunos do ensino primário participarem em experiências de aprendizagem práticas e interdisciplinares que integram a matemática com a informática e os princípios de engenharia. Ao incorporar actividades de programação e robótica no currículo de matemática, os educadores podem ajudar os alunos a desenvolver competências de pensamento computacional, capacidades de resolução de problemas e uma compreensão mais profunda dos conceitos matemáticos. Eis várias estratégias para utilizar a programação e a robótica para a exploração matemática na sala de aula do ensino básico:

i. **Programação com Scratch:** Apresentar aos alunos as linguagens de programação baseadas em blocos, como o Scratch, que lhes permitem criar animações, jogos e simulações interactivas. Incentive os alunos a conceber projectos que envolvam conceitos matemáticos como geometria, padrões e algoritmos.

ii. **Desafios de robótica:** Forneça aos alunos kits de robótica, como o LEGO Mindstorms ou o Bee-Bots, para participarem em desafios práticos de robótica. Conceba tarefas que exijam que os alunos apliquem conceitos matemáticos como medidas, ângulos e coordenadas para programar os seus robôs para navegar em labirintos, resolver puzzles ou completar missões.

iii. **Modelação matemática:** Utilize plataformas de codificação como Python ou JavaScript para envolver os alunos em actividades de modelação matemática. Peça aos alunos que escrevam código para simular cenários matemáticos do mundo real, como o crescimento da população, o movimento de projécteis ou a propagação de doenças.

iv. **Análise e visualização de dados:** Ensine os alunos a utilizar ferramentas e bibliotecas de codificação para analisar e visualizar dados. Faça com que os alunos recolham e analisem conjuntos de dados relacionados com tópicos como o tempo, estatísticas desportivas ou tendências ambientais e utilizem a codificação para criar gráficos, tabelas e visualizações interactivas.

v. **Conceção de algoritmos:** Explore a conceção de algoritmos e estratégias de resolução de problemas através de desafios de programação. Peça aos alunos para criarem algoritmos para resolver problemas matemáticos, como encontrar o caminho mais curto entre dois pontos, gerar números primos ou ordenar listas de números.

vi. **Jogos e simulações de matemática:** Incentive os alunos a conceber e programar os seus próprios jogos e simulações de matemática. Peça aos alunos para criarem jogos educativos que reforcem conceitos matemáticos como a adição, a subtração, a multiplicação, a divisão, as fracções e a geometria.

vii. **Competições de robótica:** Participar em competições de robótica, como a FIRST LEGO League ou as competições de robótica VEX, onde os alunos podem aplicar as suas competências matemáticas e de programação para conceber, construir e programar robôs para competir em desafios e tarefas.

viii. **Integração no currículo de matemática:** Integrar as actividades de codificação e robótica no currículo de matemática existente para reforçar e alargar os conceitos matemáticos abordados nas aulas. Alinhar projectos de codificação e robótica com tópicos como geometria, medição, álgebra, estatística e resolução de problemas.

ix. **Ligações inter-curriculares:** Explore as ligações interdisciplinares integrando a codificação e a robótica noutras áreas disciplinares, como a ciência, a tecnologia, a engenharia e a arte. Incentive os alunos a colaborar em projectos que combinem conceitos matemáticos com conceitos de outras disciplinas.

x. **Projectos orientados pelos alunos:** Proporcionar oportunidades para projectos liderados por alunos, em que estes possam explorar os seus próprios interesses matemáticos e conceber os seus próprios projectos de codificação e robótica. Apoie os alunos na definição de objectivos, planeamento, conceção, implementação e reflexão sobre os seus projectos.

Ao incorporar a programação e a robótica no ensino da matemática ao nível do ensino básico, os educadores podem inspirar os alunos a tornarem-se criadores, inovadores e solucionadores de problemas na era digital. Estas experiências de aprendizagem práticas e interdisciplinares não só aprofundam a compreensão dos conceitos matemáticos, como também promovem a criatividade, a colaboração e as competências de pensamento computacional, essenciais para o sucesso no século XXI.

Capítulo 7: Instrução diferenciada

- Compreender os estilos e as necessidades individuais de aprendizagem

Compreender os estilos e necessidades individuais de aprendizagem é essencial para um ensino eficaz da matemática na sala de aula do ensino básico. Cada aluno tem pontos fortes, preferências e desafios únicos quando se trata de aprender matemática, e é importante que os educadores diferenciem o ensino para satisfazer as diversas necessidades de todos os alunos. Aqui estão várias estratégias para compreender e abordar os estilos e necessidades de aprendizagem individuais no ensino da matemática no ensino primário:

Inventários de estilos de aprendizagem: Administre inventários de estilos de aprendizagem ou inquéritos para avaliar os estilos de aprendizagem preferidos dos alunos, tais como visual, auditivo, cinestésico ou tátil. Utilize esta informação para adaptar a instrução e fornecer actividades de aprendizagem que se alinhem com as preferências individuais dos alunos.

Observação e avaliação: Observar os comportamentos, interacções e respostas dos alunos durante o ensino da matemática para identificar os seus estilos e necessidades de aprendizagem. Utilizar avaliações formativas, tais como bilhetes de saída, questionários e observações, para avaliar a compreensão dos alunos e ajustar a instrução em conformidade.

Conferências com os alunos: Realizar conferências individuais com os alunos para discutir os seus pontos fortes, desafios e preferências de aprendizagem em matemática. Incentive os alunos a reflectirem sobre as suas experiências de aprendizagem e a darem a sua opinião sobre os tipos de actividades e apoio que lhes seriam mais úteis.

Instrução diferenciada: Diferenciar a instrução para acomodar diversos estilos e necessidades de aprendizagem na sala de aula. Fornecer uma variedade de métodos de instrução, materiais e recursos, tais como ajudas visuais, manipuladores, ferramentas tecnológicas e actividades de aprendizagem cooperativa, para envolver os alunos e abordar as suas preferências de aprendizagem individuais.

Agrupamento flexível: Utilizar estratégias de agrupamento flexíveis para fazer corresponder alunos com necessidades de aprendizagem e capacidades semelhantes para instrução e apoio direccionados. Agrupe os alunos com base na sua prontidão, interesses e estilos de aprendizagem para proporcionar experiências de aprendizagem diferenciadas que satisfaçam as suas necessidades individuais.

Apoio em andaimes: Fornecer apoio de andaimes para ajudar os alunos a aceder e dominar conceitos matemáticos ao seu próprio ritmo. Ofereça vários níveis de apoio, tais como prática guiada, actividades estruturadas e modelação, para ir ao encontro dos alunos onde eles se encontram e aumentar gradualmente o nível de desafio à medida que progridem.

Planos de Aprendizagem Individualizados: Desenvolver planos ou objectivos de aprendizagem individualizados para alunos com necessidades ou desafios de aprendizagem específicos em matemática. Colaborar com os pais, professores de educação especial e pessoal de apoio para criar intervenções e adaptações personalizadas que abordem os pontos fortes e as áreas de crescimento individuais dos alunos.

Desenho Universal para a Aprendizagem (UDL): Implementar os princípios do Desenho Universal para a Aprendizagem (UDL) para criar ambientes de aprendizagem inclusivos que acomodem diversos estilos e necessidades de aprendizagem. Fornecer múltiplos meios de representação, expressão e envolvimento para apoiar todos os alunos no acesso e demonstração da sua compreensão dos conceitos matemáticos.

Feedback e reflexão regulares: Dar feedback regular aos alunos sobre os seus progressos e desempenho em matemática e encorajá-los a refletir sobre as suas experiências de aprendizagem. Utilize o feedback para reforçar os pontos fortes, resolver equívocos e orientar os alunos no sentido de atingirem os seus objectivos de aprendizagem.

Cultivar uma mentalidade de crescimento: Fomentar uma cultura de mentalidade de crescimento na sala de aula, onde os alunos são encorajados a aceitar desafios, a persistir perante os obstáculos e a ver os erros como oportunidades de aprendizagem e crescimento. Ajude os alunos a desenvolver uma atitude positiva em relação à matemática, elogiando o esforço, celebrando o progresso e realçando a importância da perseverança e da resiliência.

- Agrupamento flexível e percursos de aprendizagem personalizados

Os agrupamentos flexíveis e os percursos de aprendizagem personalizados são estratégias eficazes para dar resposta às diversas necessidades e capacidades dos alunos no ensino primário da matemática. Estas abordagens permitem aos educadores diferenciar a instrução, fornecer apoio direcionado e promover experiências de aprendizagem individualizadas que vão ao encontro dos alunos no ponto em que se encontram no seu percurso matemático. Aqui estão várias estratégias para implementar agrupamentos flexíveis e percursos de aprendizagem personalizados na sala de aula de matemática do ensino básico:

i. **Avaliação da prontidão do aluno:** Utilizar avaliações formativas, pré-testes e ferramentas de diagnóstico para avaliar os níveis de preparação dos alunos e identificar os seus pontos fortes e áreas de crescimento em matemática. Com base nos dados da avaliação, agrupar os alunos de forma flexível de acordo com os seus níveis de preparação, interesses e preferências de aprendizagem.

ii. **Instrução por níveis:** Implemente a instrução por níveis, agrupando os alunos em diferentes níveis ou escalões com base nos seus níveis de preparação. Proporcionar experiências de aprendizagem diferenciadas, actividades e materiais adaptados a cada nível para satisfazer as necessidades de aprendizagem individuais dos alunos e desafiá-los adequadamente.

iii. **Estações ou centros de aprendizagem:** Crie estações ou centros de aprendizagem onde os alunos passem por diferentes actividades matemáticas com base nas suas necessidades e interesses de aprendizagem. Ofereça uma variedade de actividades, tais como prática independente, manipuladores práticos, tarefas baseadas em tecnologia e projectos de colaboração, para envolver os alunos em experiências de aprendizagem significativas.

iv. **Percursos de aprendizagem personalizados:** Desenvolver percursos ou caminhos de aprendizagem personalizados para os alunos que descrevam os seus objectivos de aprendizagem individuais, interesses e áreas de crescimento em matemática. Colaborar com os alunos para definir objectivos de aprendizagem personalizados, acompanhar o progresso e ajustar as actividades de aprendizagem em conformidade.

v. **Escolha e voz do aluno:** Dê aos alunos a possibilidade de terem voz na sua aprendizagem, oferecendo-lhes escolha e autonomia na seleção de tarefas, actividades e projectos de matemática. Ofereça oportunidades para os alunos escolherem a partir de um menu de opções ou conceberem as suas próprias experiências de aprendizagem com base nos seus interesses e preferências.

vi. **Estratégias de agrupamento flexíveis:** Utilizar uma variedade de estratégias de agrupamento flexíveis, tais como agrupamento de capacidades, agrupamento de capacidades mistas, tutoria de pares e grupos de aprendizagem cooperativa, para satisfazer as diversas necessidades dos alunos na sala de aula. Faça uma rotação regular dos grupos para garantir que os alunos

ter a oportunidade de trabalhar com colegas diferentes e de aprender uns com os outros.

vii. **Materiais didácticos diferenciados:** Fornecer materiais didácticos, recursos e ferramentas diferenciados para apoiar os percursos de aprendizagem individuais dos alunos. Ofereça uma gama de materiais com diferentes níveis de complexidade, tais como textos nivelados, fichas de trabalho diferenciadas, software interativo e manipuladores, para satisfazer as diversas necessidades de aprendizagem.

viii. **Avaliação formativa contínua:** Utilize estratégias de avaliação formativa contínua, tais como observações, check-ins, bilhetes de saída e questionários, para monitorizar o progresso dos alunos e ajustar a instrução em conformidade. Forneça feedback atempado aos alunos para orientar a sua aprendizagem e resolver quaisquer equívocos ou lacunas de compreensão.

ix. **Tomada de decisões com base em dados:** Analisar os dados de avaliação e os dados de desempenho dos alunos para informar a tomada de decisões de ensino e ajustar os percursos de aprendizagem conforme necessário. Utilizar os dados para identificar tendências, padrões e áreas a melhorar e colaborar com os colegas para partilhar as melhores práticas e ideias.

x. **Reflexão e definição de objectivos:** Incentivar os alunos a refletir sobre o seu progresso de aprendizagem, a estabelecer objectivos e a apropriar-se do seu percurso de aprendizagem em matemática. Proporcionar oportunidades para que os alunos acompanhem o seu progresso, celebrem as suas realizações e identifiquem áreas de crescimento através de actividades de autoavaliação e reflexão.

- Estratégias de avaliação para uma instrução diferenciada

As estratégias de avaliação desempenham um papel crucial no apoio ao ensino diferenciado na sala de aula de matemática do ensino básico. Ajudam os educadores a recolher informação sobre a compreensão, os progressos e as necessidades de aprendizagem dos alunos, permitindo-lhes adaptar o ensino de modo a satisfazer as diversas necessidades dos alunos. Aqui estão várias estratégias de avaliação especificamente concebidas para apoiar o ensino diferenciado em matemática:

i. **Pré-avaliação:** Administre pré-avaliações no início de uma nova unidade ou tópico para avaliar os conhecimentos prévios, as competências e os níveis de preparação dos alunos. Utilize os resultados para identificar os alunos que possam necessitar de apoio ou desafio adicional e ajuste a instrução em conformidade.

ii. **Avaliação formativa:** Utilize estratégias de avaliação formativa contínua, tais como observações, perguntas e avaliações informais, para monitorizar a compreensão e os progressos dos alunos em tempo real. Forneça feedback imediato aos alunos para resolver equívocos, reforçar a aprendizagem e orientar a instrução.

iii. **Listas de controlo e rubricas:** Desenvolva listas de verificação e rubricas para avaliar o desempenho dos alunos em tarefas ou competências matemáticas específicas. Utilize estas ferramentas para fornecer critérios claros de sucesso e dar aos alunos feedback sobre os seus pontos fortes e áreas de crescimento.

iv. **Bilhetes de saída:** Utilize bilhetes de saída ou notas de saída no final de uma lição ou aula para avaliar a compreensão dos alunos sobre conceitos e competências chave. Peça aos alunos que respondam a perguntas ou sugestões relacionadas com o conteúdo da aula e utilize as suas respostas para informar futuras instruções.

v. **Avaliação observacional:** Observar os alunos enquanto participam em actividades matemáticas, debates e tarefas de resolução de problemas. Procure evidências da compreensão, capacidade de raciocínio e estratégias de resolução de problemas dos alunos e utilize as observações para orientar as decisões de ensino.

vi. **Avaliação pelos pares:** Incorporar actividades de avaliação entre pares em que os alunos avaliam e dão feedback aos seus colegas sobre o seu trabalho matemático. Incentive os alunos a refletir sobre a sua própria aprendizagem e a aprendizagem dos outros, e a utilizar o feedback dos colegas para melhorar a sua compreensão e desempenho.

vii. **Autoavaliação:** Promover a autoavaliação, dando aos alunos a oportunidade de refletir sobre os seus próprios progressos de aprendizagem e estabelecer objectivos de melhoria. Incentive os alunos a monitorizarem a sua própria compreensão, a identificarem áreas de crescimento e a apropriarem-se do seu percurso de aprendizagem.

viii. **Tarefas de desempenho:** Conceber tarefas de desempenho ou projectos que permitam aos alunos demonstrar a sua compreensão dos conceitos matemáticos em contextos autênticos do mundo real. Proporcionar aos alunos oportunidades de aplicar os seus conhecimentos e competências para resolver problemas complexos, criar soluções ou explicar o seu raciocínio.

ix. **Avaliações de agrupamentos flexíveis:** Avaliar os alunos no âmbito de agrupamentos flexíveis, tais como grupos de aptidões mistas ou grupos de instrução escalonada. Adaptar as tarefas e os critérios de avaliação para satisfazer as necessidades dos diversos alunos de cada grupo e fornecer o apoio ou o desafio adequados, conforme necessário.

x. **Portfólios:** Implementar avaliações de portefólio onde os alunos compilam amostras do seu trabalho, reflexões e provas de aprendizagem ao longo do tempo. Incluir uma variedade de tarefas matemáticas, projectos e avaliações no portefólio para mostrar o crescimento, o progresso e as realizações dos alunos.

Capítulo 8: Integração das artes

- Utilizar a música e a dança para ensinar conceitos matemáticos

A integração da música e da dança no ensino da matemática pode constituir uma forma dinâmica e cativante de ensinar conceitos matemáticos na sala de aula do ensino básico. Ao incorporar o ritmo, o movimento e a criatividade, os educadores podem ajudar os alunos a desenvolver uma compreensão mais profunda dos conceitos matemáticos, ao mesmo tempo que fomentam o gosto pela aprendizagem. Eis várias formas de utilizar a música e a dança para ensinar conceitos matemáticos:

i. **Canções e rimas de contagem:** Utilize canções e rimas de contagem para reforçar as competências de contagem e o reconhecimento de números. Cante canções como "Five Little Ducks," "Ten in the Bed," ou "The Ants Go Marching" para ajudar os alunos a praticar a contagem para a frente e para trás, e encoraje-os a moverem-se e a fazerem gestos ao ritmo.

ii. **Padrões e sequências de números:** Utilize a música para ensinar padrões e sequências de números. Crie padrões rítmicos utilizando palmas, estalidos ou batidas e desafie os alunos a identificar e alargar os padrões. Experimente diferentes ritmos e tempos musicais para explorar padrões em compassos e batidas.

iii. **Raps de adição e subtração:** Crie canções de rap ou cânticos para ajudar os alunos a memorizar factos de adição e subtração. Utilize rimas e ritmos cativantes para reforçar conceitos matemáticos fundamentais e encoraje os alunos a participar na criação dos seus próprios raps de matemática.

iv. **Canções de tabuada:** Ensine a tabuada através da música, associando os factos da multiplicação a melodias conhecidas ou criando canções originais. Cantar a tabuada pode tornar a memorização mais agradável e acessível para os alunos e ajudá-los a interiorizar padrões e relações matemáticas.

v. **Batidas e medidas de fracções:** Utilize batidas e compassos musicais para ensinar fracções e divisão. Divida os ritmos musicais em partes iguais para representar fracções e peça aos alunos para baterem palmas ou tocarem ao ritmo das batidas para demonstrarem a sua compreensão de conceitos fraccionários como metades, quartos e oitavos.

vi. **Dança geométrica:** Incorpore movimentos de dança para ensinar conceitos geométricos como formas, ângulos e simetria. Faça com que os alunos criem formas geométricas com os seus corpos, movam-se ao longo de linhas e ângulos, ou espelhem os movimentos uns dos outros para explorar a simetria e a reflexão.

vii. **Música de medição:** Utilize a música para ensinar conceitos de medição como o comprimento, o peso e o tempo. Crie canções ou cânticos que reforcem as unidades de medida e a conversão e incentive os alunos a moverem-se e a dançarem enquanto exploram diferentes ferramentas e actividades de medição.

viii. **Contar histórias matemáticas através da música:** Utilizar a música para contar histórias e narrativas matemáticas. Criar composições musicais que representem conceitos matemáticos ou cenários do mundo real e encorajar os alunos a interpretar e analisar o conteúdo matemático através da música.

ix. **Jogos de movimento matemáticos:** Conceba jogos e actividades baseados no movimento que incorporem conceitos e desafios matemáticos. Por exemplo, crie um "Math Dance-Off" em que os alunos competem para resolver problemas matemáticos através de movimentos de dança, ou organize uma "Math Freeze Dance" em que os alunos se imobilizam em diferentes poses que representam formas ou conceitos matemáticos.

x. **Projectos interdisciplinares:** Colaborar com professores de música ou instrutores de dança para criar projectos interdisciplinares que integrem conceitos matemáticos com música e dança. Explore as ligações entre ritmo, padrões e estruturas matemáticas e envolva os alunos em projectos colaborativos e criativos que combinem matemática, música e movimento.

- Artes Visuais e Expressão Criativa em Matemática

A integração das artes visuais e da expressão criativa no ensino da matemática pode enriquecer a compreensão dos conceitos matemáticos pelos alunos e fomentar a criatividade e a inovação na sala de aula do ensino básico. Ao incorporar actividades baseadas na arte, os alunos participam em experiências de aprendizagem multissensoriais que apelam a diversos estilos de aprendizagem e promovem uma compreensão concetual mais profunda. Eis várias formas de utilizar as artes visuais e a expressão criativa para ensinar matemática:

i. **Projectos artísticos matemáticos:** Incentive os alunos a criar projectos de arte matemática que explorem formas geométricas, padrões e simetria. Peça aos alunos para desenharem e construírem tesselações, padrões fractais ou esculturas matemáticas utilizando vários materiais artísticos como papel, barro ou materiais reciclados.

ii. **Desenho e esboço matemático:** Incorporar actividades de desenho e esboço no ensino da matemática para representar visualmente conceitos e relações matemáticas. Peça aos alunos que ilustrem ideias matemáticas como fracções, ângulos ou transformações através de desenhos à mão livre ou esboços guiados.

iii. **Fotografia matemática:** Integrar a fotografia no ensino da matemática, fazendo com que os alunos tirem fotografias de formas, padrões e estruturas matemáticas no seu ambiente. Incentive os alunos a explorar a simetria, a perspetiva e as relações espaciais através da fotografia e utilize as suas imagens para criar colagens ou apresentações de fotografias matemáticas.

iv. **Colagens e montagens matemáticas:** Peça aos alunos que criem colagens ou montagens matemáticas utilizando imagens, fotografias e materiais que representem conceitos e temas matemáticos. Incentive os alunos a explorar ligações entre a matemática e outras áreas disciplinares ou contextos do mundo real através da criação de colagens.

v. **Murais e instalações matemáticas:** Colabore com os alunos para criar murais ou instalações matemáticas que transformem os espaços da sala de aula ou da escola em ambientes de aprendizagem da matemática. Peça aos alunos que concebam e pintem murais que representem conceitos matemáticos, fórmulas ou equações, ou criem instalações interactivas que convidem à exploração e à descoberta.

vi. **Padrões e desenhos matemáticos:** Explore padrões e desenhos matemáticos através de actividades artísticas como a criação de padrões, desenho de simetria e desenho de caleidoscópios. Peça aos alunos que criem os seus próprios desenhos simétricos utilizando espelhos, stencils ou ferramentas digitais e incentive-os a analisar e alargar os padrões nos seus trabalhos artísticos.

vii. **Origami matemático e dobragem de papel:** Ensine conceitos matemáticos como a geometria, a medição e a simetria através de actividades de origami e dobragem de papel. Faça com que os alunos criem modelos de origami de formas geométricas, poliedros ou desenhos fractais e explore os princípios matemáticos através da dobragem e manipulação práticas.

viii. **Caligrafia e tipografia matemáticas:** Integrar a caligrafia e a tipografia no ensino da matemática, fazendo com que os alunos criem letras, símbolos e desenhos tipográficos com temas matemáticos. Explore conceitos matemáticos como a simetria, a transformação e a proporção através da arte das letras e do desenho.

ix. **Contar histórias matemáticas através da arte:** Incentive os alunos a criar obras de arte que contem histórias ou narrativas matemáticas. Faça com que os alunos ilustrem conceitos ou problemas matemáticos através de arte sequencial, banda desenhada ou storyboards e utilize a narração visual para aprofundar a sua compreensão das ideias matemáticas.

x. **Projectos interdisciplinares:** Colaborar com professores de arte ou artistas residentes para criar projectos interdisciplinares que integrem a matemática com as artes visuais e a expressão criativa. Explore as ligações entre conceitos matemáticos e técnicas artísticas e envolva os alunos em projectos colaborativos e práticos que combinem matemática, arte e imaginação.

- Dramatização e narração de histórias para narrativas matemáticas

A integração da dramatização e da narração de histórias no ensino da matemática pode transformar conceitos matemáticos abstractos em narrativas envolventes que cativam a imaginação dos alunos e aprofundam a sua compreensão. Ao incorporar actividades dramáticas e técnicas de narração de histórias, os educadores podem dar vida à matemática na sala de aula do ensino básico e inspirar os alunos a explorar ideias matemáticas com criatividade e entusiasmo. Aqui estão várias formas de utilizar a dramatização e a narração de histórias para as narrativas matemáticas:

Interpretação de papéis matemáticos: Faça com que os alunos participem em actividades de dramatização em que representem cenários, personagens ou problemas matemáticos. Atribua papéis como "Detetive Matemático", "Solucionador de Problemas" ou "Feiticeiro Matemático" e incentive os alunos a utilizar técnicas dramáticas como a improvisação, o diálogo e o desenvolvimento de personagens para explorar conceitos e desafios matemáticos.

Contar histórias matemáticas: Contar histórias e narrativas matemáticas que incorporem conceitos, problemas ou temas matemáticos. Utilizar técnicas de narração de histórias, como o desenvolvimento de enredos, a construção de personagens e o suspense, para envolver os alunos na narração de histórias matemáticas e tornar os conceitos abstractos mais identificáveis e memoráveis.

Esquetes e peças de teatro matemáticas: Faça com que os alunos colaborem para escrever e representar pequenos esquetes ou peças de teatro que ilustrem conceitos ou problemas matemáticos. Incentive os alunos a criar guiões, a desenvolver personagens e a encenar representações que explorem criativamente ideias matemáticas através do diálogo, da ação e do humor.

Espectáculos de fantoches matemáticos: Crie espectáculos de marionetas matemáticas ou teatros de marionetas onde os alunos utilizam marionetas para representar histórias, cenários ou problemas matemáticos. Peça aos alunos para conceberem e construírem fantoches que representem personagens ou conceitos matemáticos e utilizem os fantoches para envolver o público em narrativas matemáticas.

Storyboarding matemático: Peça aos alunos para criarem storyboards ou bandas desenhadas que contem histórias matemáticas ou ilustrem problemas matemáticos. Incentive os alunos a utilizar técnicas de narração visual, como sequenciação, enquadramento e perspetiva, para transmitir ideias matemáticas através de imagens e legendas.

Jogos matemáticos de representação de papéis: Conceber jogos matemáticos de representação de papéis ou simulações em que os alunos assumem papéis, resolvem problemas e tomam decisões num contexto matemático. Crie cenários de jogo envolventes que desafiem os alunos a aplicar conceitos e estratégias matemáticas para atingir objectivos ou resultados específicos.

Dramatizações matemáticas: Faça com que os alunos dramatizem conceitos ou processos matemáticos através de pantomima, movimento e gestos. Incentive os alunos a utilizar os seus corpos e expressões para representar ideias matemáticas como formas, transformações ou relações geométricas.

Círculos de narração de histórias matemáticas: Facilite círculos de narração de histórias matemáticas onde os alunos partilham à vez histórias, anedotas ou experiências matemáticas. Incentive os alunos a utilizar linguagem descritiva, imagens vívidas e técnicas narrativas para envolver os colegas na narração de histórias matemáticas e promover o debate e a reflexão.

Teatro do leitor matemático: Envolva os alunos em espectáculos de teatro de leitura matemática em que lêem e representam guiões ou passagens matemáticas. Utilize guiões de teatro de leitura que incluam diálogos matemáticos, problemas de palavras ou explicações e incentive os alunos a interpretar e representar textos matemáticos com expressão e fluência.

Projectos interdisciplinares: Colaborar com professores de teatro, contadores de histórias ou artistas de teatro para criar projectos interdisciplinares que integrem a matemática com as artes dramáticas e a narração de histórias. Explore as ligações entre conceitos matemáticos e técnicas dramáticas e envolva os alunos em projectos colaborativos e criativos que combinem matemática, teatro e imaginação.

Bibliografia

1. https://ijcrt.org/papers/IJCRT1893190.pdf
2. https://www.thegaudium.com/innovative-math-classrooms-strategies-to-teach- mathematics/
3. https://www.anewdirection.org.uk/blog/10-tips-for-teachers-how-to-teach- matemática-criativa
4. http://www.waymadedu.org/pdf/Rachnamadam.pdf
5. https://www.weareteachers.com/strategies-in-teaching-mathematics/
6. https://www.cimt.org.uk/journal/nooriafsharm1.pdf
7. https://ced.ncsu.edu/news/2022/05/24/how-can-innovative-ways-of-teaching- ajudar-os-alunos-a-compreenderem-melhor-a-matéria-mais-alunos-envolvem-se-quando-são-pedidos-para-serem-centrais-no-ambiente-de-aprendizagem-diz-assist/
8. https://danielsongroup.org/the-framework-for-ensino/?utm source=google&utm medium=cpc&utm adgroup={AdGroupNa me}&utm campaign={CampaignName}&d=c&keyword session id=vt~adwords%7Ckt~classroom%20teaching%20methods%7Cmt~p%7Cta~652819483407 & vsrefdom=larsonpr&gad source=1&gclid=Cj0KCQjw2a6wBhCVARIsABPe H1v89rWOomAiJ1s241KCJsZzI AC9 VwPH 1 -3cLoGrOHoPwfUlpbYaAtxXEALw wcB
9. https://www.javaassignmenthelp.com/blog/innovative-teaching-strategies-in- mathematics/
10. https://www.researchgate.net/publication/337521372 Formas inovadoras de ensinar matemática São utilizadas nas escolas

Printed by Books on Demand GmbH, Norderstedt / Germany